超级简单

植物全素食

［法］杰西卡·奥德菲尔德　著　　［法］艾丽莎·沃森　摄影

李菁　译

U0335164

北京出版集团公司

北京美术摄影出版社

目　录

注：本书食材图片仅为展示，不与实际所用食材及数量相对应

素食主义

素食主义是一种避免食用任何肉类或动物制品的生活方式。也许这种没有肉类、鱼类、蛋类和乳制品等食物的饮食方式会让一些人望而却步，然而，素食食谱并不是简单地用豆腐代替鸡肉，用奇亚子代替鸡蛋，而是使未加工的食物重回饮食的核心地位，并不断丰富我们的饮食。

要想成为素食主义者，首先是要食用真正的时令食物及一切素食，包括水果、蔬菜、干果、种子类、豆类、芽类及谷类食物，用这些原料足以做出营养、美味的菜品。

素食的力量

食用素食的好处众多，一般而言，食用素食有助于减少饱和脂肪和动物激素的摄入量。此外，食用蔬菜和水果还可以：

— 稳定血糖；
— 降低胆固醇；
— 促进减肥；
— 增强免疫力；
— 全面改善人体健康状况。

蛋白质的重要性

素食中含有大量的氨基酸，这些氨基酸又是蛋白质的基本组成成分。在 20 种氨基酸中，人体可以自然合成的有 11 种，剩余 9 种氨基酸，即"必需氨基酸"，则需要从食物中摄取，尤其是从素食中摄取。为了身体的健康，我们每天都需要摄入下列食物来获取蛋白质。

□ 苋菜
□ 藜麦
□ 荞麦
□ 扁豆
□ 种子类（奇亚子、芝麻子、南瓜子、葵花子、亚麻子）
□ 螺旋藻
□ 鹰嘴豆
□ 干果（杏仁、核桃、开心果、澳洲坚果、腰果、花生）
□ 豆类（包括非转基因大豆）
□ 豆腐
□ 丹贝

给素食主义入门者的 5 条实用建议

每次改变一点点

如果您不能马上停止食用一切动物制品，那么您可以每次先用一种素食替换动物制品，直到您爱上素食。

分类

把橱柜和冰箱里所有的动物制品换成谷物、豆类、干果和新鲜蔬菜。

耐心

起初，完全以素食为食材的烹饪对您而言可能充满挑战，但是只要您多花一点儿时间准备，一定会爱上厨房。

提前准备

提前准备好所需的食材。所有芽类和谷物类的食材都可以提前 1 周煮好，从而节省您准备食材的时间和精力。

避免食用成品

大多数的素食成品中包含大量加工过的食材，无味且高糖。所以自己动手烹饪吧，您一定不会后悔的！

植物素食的种类

植物蛋白饮品类
- □ 燕麦粥
- □ 大米粥
- □ 杏仁露
- □ 豆浆
- □ 椰子汁

种子类
- □ 奇亚子
- □ 亚麻子
- □ 南瓜子
- □ 葵花子
- □ 芝麻子

鸡蛋的替代品
- □ 亚麻子粉
- □ 洋车前子
- □ 奇亚子

酱类
- □ 芝麻酱
- □ 柠檬柚子酱
- □ 黄豆酱
- □ 日本酱油
- □ 味醂

面食
- □ 全麦面
- □ 乌冬面
- □ 荞麦面
- □ 米粉

米饭
- □ 糙米
- □ 印度香米
- □ 泰国香米
- □ 野米

谷物
- □ 藜麦
- □ 荞麦
- □ 大麦
- □ 苋菜
- □ 粟
- □ 青麦
- □ 斯佩耳特小麦
- □ 粗粒小麦粉

豆类
- □ 红扁豆
- □ 绿扁豆
- □ 黑扁豆
- □ 鹰嘴豆

食用油(植物油、菜子油和坚果油)
请购买冷压特级初榨油,质量更佳。
- □ 椰子油
- □ 葵花油
- □ 南瓜子油
- □ 橄榄油
- □ 澳洲坚果油
- □ 牛油果油
- □ 杏仁油

调味料
- □ 腌制蔬菜
- □ 各类水果蔬菜酸辣酱
- □ 酸菜
- □ 食用酵母片
- □ 海苔

小食

高蛋白冰沙

 5分钟

拌匀即可

☺ 1人份

香蕉 1 根

覆盆子 70 克

○ 将香蕉去皮，将覆盆子清洗干净，然后将所有原材料放入搅拌机中搅拌，直至搅拌均匀、顺滑即可。

冰块 70 克

螺旋藻粉 1 茶匙

小食

羽衣甘蓝片

 5 分钟

 15 分钟

 2 人份

羽衣甘蓝 10~12 片

椰子油 30 毫升

辣椒粉 1.5 茶匙

酵母片 1.5 茶匙

○ 将烤箱预热至 170℃。清洗羽衣甘蓝并沥干水分，然后去掉根蒂，将其撕成小片。

○ 将撕好的羽衣甘蓝片均匀放置在铺有油纸的烤盘上，加入辣椒粉、酵母片、椰子油及 1 茶匙盐。

○ 烘烤 15 分钟，其间每 5 分钟翻转 1 次羽衣甘蓝片，使其口感酥脆即可。

○ 待菜品稍微冷却后方可品尝。

小食

香烤杏仁

 10 分钟

 20~30 分钟

 6 人份

整粒杏仁 320 克

百里香 1 小把

○ 择下百里香的叶子并洗净，接着熔化椰子油，将奇亚子泡入 3 汤匙水中 5 分钟备用。

椰子油 20 毫升

卡宴辣椒粉 1 茶匙

○ 将烤箱预热至 180℃，将整粒杏仁、百里香叶、卡宴辣椒粉及 1 茶匙盐混合搅拌均匀，然后加入椰子油和奇亚子。将混合好的食材均匀放置在铺有油纸的烤盘上。

○ 烘烤 20~30 分钟，至杏仁表面呈金黄色，其间每 10~15 分钟翻转 1 次。待菜品稍微冷却后方可品尝。

奇亚子 1 汤匙

椰枣芝麻酱能量球

 5 分钟

 拌匀且静置 20 分钟

 18 个

整粒杏仁 160 克

帝王椰枣 12 颗

○ 将帝王椰枣洗净、去核，再将整粒杏仁用食品搅拌机打成粉末状备用。

○ 将除黑芝麻子外的其余原料混合，加入少许盐并搅拌均匀成糊状。

椰子油 80 毫升

芝麻酱 40 克

○ 取适量混合物揉成球状，在黑芝麻子中滚一滚。

○ 将做好的能量球放入冰箱静置 20 分钟。品尝前从冰箱取出，回温 5 分钟后即可食用。

枫糖浆 20 毫升

黑芝麻子 25 克

蚕豆普切塔（意式香烤面包片）

 5 分钟

 7 分钟

 1 人份

蚕豆 350 克

腰果奶酪 50 克
（做法详见 P21）

薄荷数株

酵母面包 2 片

橄榄油 20 毫升

柠檬半个

○ 将薄荷叶择下并洗净。将蚕豆洗净后放入沸腾的盐水中煮 2 分钟，捞出沥干。如果蚕豆过大，可剥去外皮。

○ 在蚕豆中加入橄榄油、少许盐、半茶匙胡椒粉和半个柠檬挤出的汁，搅拌均匀并用叉子碾碎，制成蚕豆酱。

○ 烘烤 2 片酵母面包，然后抹上腰果奶酪与蚕豆酱，再撒上薄荷叶即可。

甜菜鹰嘴豆泥

甜菜 1 头

罐装鹰嘴豆 400 克

杏仁油 60 毫升

青柠檬 1 个

莳萝 1 小把

🔪 10 分钟

🍲 拌匀即可

☺ 4 人份

○ 将甜菜洗净、去皮后切成小块。给鹰嘴豆剥皮，然后冲洗干净。挤压青柠檬，取 3 汤匙青柠檬汁备用。将莳萝洗净备用。

○ 将所有食材倒入搅拌机，加入少许盐，搅拌均匀、顺滑即可。

腰果奶酪

 1 晚

 拌匀且静置 3 小时

 4 人份

腰果仁 310 克

椰子油 40 毫升

柠檬 1 个

酵母片 1.5 茶匙

香葱 1 小把

○ 将腰果仁浸泡在水中 1 晚，然后冲洗干净并沥干水分。接着熔化椰子油。挤出柠檬汁，取 60 毫升备用。

○ 将除香葱外的其余原料混合，加入 60 毫升水和 1 茶匙盐，搅拌至均匀、顺滑，然后加入洗净、切好的香葱末，制成奶酪。

○ 用油纸将奶酪包裹成球状，静置 3 个小时即可。冷藏储存可保质 2 周。

牛油果杜卡三明治

 5 分钟

 2 分钟

 1 人份

牛油果 1 个

杜卡 1 茶匙

○ 将牛油果剥皮、去核，并将果肉纵向切成薄片。挤出柠檬汁备用。

黑麦面包 2 片

柠檬半个

○ 将黑麦面包片烘烤约 2 分钟或烤至轻微变色。

○ 在烤好的黑麦面包片上摆放好牛油果肉片后，撒上杜卡、盐和胡椒粉。最后配上一些苜蓿芽做点缀，并浇上少许柠檬汁即可。

苜蓿芽 2 汤匙

墨西哥玉米片

 10 分钟

 拌匀即可

 4 人份

玉米片 250 克

罐装红豆 800 克

牛油果（大）1 个

香菜 1 把

尖椒 1 个

青柠檬 2 个

○ 将红豆冲洗干净，沥干。将香菜洗净、切碎，保留几片香菜叶。将牛油果肉切片，将尖椒洗净后斜切成条状，将青柠檬洗净，取青柠檬的皮和汁备用。

○ 将玉米片洗净后倒入沙拉盆中。

○ 将红豆、柠檬皮、柠檬汁、香菜末、少许盐和 1 茶匙胡椒粉混合，搅拌至均匀、顺滑，在上面撒上玉米片、牛油果肉片、尖椒条和香菜叶即可。

意式红薯费塔塔

 10 分钟

 65~75 分钟

:) 8 个

红薯 90 克

去壳荞麦 160 克

核桃仁 120 克

焦糖洋葱 80 克

洋车前子 1 汤匙

罗勒叶 4 片

○ 将红薯洗净、去皮、切丝,并沥干水分。煮熟洗净的去壳荞麦后将其冷却。将洋车前子泡入 180 毫升的水中 5 分钟。将烤箱预热至 190℃。

○ 用搅拌机搅拌核桃仁,使其呈滑腻状。

○ 将除罗勒叶之外的所有食材混合,撒入少许盐,并将其平均分成 8 份,倒入迷你松饼模具中,接着在每个小饼上插入半片洗净的罗勒叶。

○ 将迷你松饼模具放入烤箱烘烤 50~60 分钟,然后取出脱模即可。

前菜

杜卡南瓜派

 5 分钟

 20~25 分钟

😊 4 人份

南瓜 60 克

酥皮面饼（不含乳糖）
1 卷

○ 将南瓜洗净、去皮，将瓜瓤碾碎。
接着将红洋葱洗净后分成 4 份，
然后取其中 1 份切丝。将烤箱预
热至 220℃。

红洋葱 1 头

橄榄油 20 毫升

○ 将酥皮面饼平铺在铺有油纸的烤
盘上，在边缘处预留出 2 厘米的
宽度。用叉子在酥皮面饼的中心
戳些孔，刷上一层橄榄油，将南
瓜瓤铺在酥皮面饼上，然后撒上
红洋葱丝、杜卡、盐和胡椒粉。

香菜半把

杜卡 1 茶匙

○ 烘烤 20~25 分钟，至酥皮面饼酥
脆。将烤好的杜卡南瓜派取出，
切成 4 份，撒上洗净的香菜叶作
为点缀即可。

汤煲

扁豆汤

 5 分钟

 30 分钟

 4 人份

绿扁豆 170 克

蔬菜汤 1 升

红洋葱 1 头

大蒜 4 瓣

椰子油 30 克

青柠檬 2 个

○ 将绿扁豆洗净，将红洋葱洗净、切碎，将大蒜去皮后切碎，然后挤压 2 个青柠檬取柠檬汁备用。将椰子油放入平底锅内加热 2 分钟，使其熔化，再加入切好的红洋葱碎末和大蒜碎末，煮 5 分钟，使食材融为一体。

○ 在锅内倒入绿扁豆、蔬菜汤及少许盐，煮沸。

○ 小火慢炖20分钟，至绿扁豆变软、汤汁变浓稠，加入青柠檬汁和1.5 茶匙的胡椒粉调味即可。

生姜暖汤乌冬面

 5 分钟

 10 分钟

 4 人份

乌冬面 150 克

蔬菜汤 1.5 升

○ 将生姜洗净、去皮、切丝。将姜丝、少许盐、1 茶匙胡椒粉及蔬菜汤倒入锅中,加热 5 分钟,使食材入味。

○ 加入乌冬面,小火慢炖 3~4 分钟至面条煮熟。

○ 最后加入白味噌和解冻、洗净后的毛豆即可。

速冻毛豆 225 克

白味噌 60 克

生姜 30 克

意式托斯卡纳汤

香芹 1 小把

罐装白豆 600 克

 10 分钟

 35 分钟

 4 人份

罐装番茄 400 克

洋葱 1 头

○ 将香芹洗净，择下香芹叶子，并将茎部切碎，接着洗净并沥干白豆。将洋葱洗净、切片，大蒜去皮。在研钵中加入 1 茶匙盐、蒜瓣和香芹茎碎末，用杵将这些食材捣碎呈泥状。

○ 在平底锅内倒入 20 毫升橄榄油加热，放入洋葱片，待其变软后加入捣好的蒜泥，翻炒 1 分钟。

○ 在锅中倒入白豆、番茄、1 升水、少许盐和胡椒粉，煮沸后小火慢炖 30 分钟，锅盖半盖。最后撒上香芹叶作为点缀，再淋上剩余的橄榄油即可。

大蒜 2 瓣

橄榄油 30 毫升

汤煲

泰式绿咖喱汤

🔪 15 分钟

🍲 25 分钟

☺ 4 人份

茄子 1 个

千禧果 250 克

○ 将茄子洗净、切块，并将泰国米粉在冷水中浸泡 10 分钟。将青柠檬洗净，取青柠檬的皮和汁备用。将千禧果洗净并对半切开。

泰国米粉 200 克

椰奶 400 毫升

○ 加热 2 汤匙椰奶 1 分钟后，加入绿咖喱酱并搅拌 2 分钟。然后加入茄子块、剩余椰奶、2 茶匙盐及 600 毫升水。待煮沸后加入千禧果块，盖好锅盖，用文火慢炖 20 分钟，随后淋上柠檬汁。

○ 将青柠檬皮切丝，然后将泡好的泰国米粉分成 4 份放入碗中，浇上汤汁并撒上青柠檬皮丝即可。

绿咖喱酱 110 克

青柠檬 3 个

水果大麦沙拉

 10 分钟

 28~33 分钟

:) 4 人份

珍珠大麦 160 克

粉红葡萄柚（大）1 个

将珍珠大麦洗净，将粉红葡萄柚去皮后切片，将桃子洗净、去核后切条，挤压青柠檬，取 1 汤匙青柠檬汁备用，将薄荷洗净、切碎。

桃子 3 个

青柠檬 1 个

将珍珠大麦、少许盐及 750 毫升水倒入平底锅。待煮沸后用小火慢炖 25~30 分钟至珍珠大麦变软。将珍珠大麦捞出沥干，将其放入沙拉碗中冷却。

将其他食材倒入碗中，调味后搅拌均匀即可。

杏仁油 40 毫升

薄荷 1 小把

抱子甘蓝藜麦沙拉

 10 分钟

 15 分钟

 4 人份

三色藜麦 300 克

抱子甘蓝 250 克

澳洲坚果仁 110 克

柠檬（大）1 个

椰子油 20 毫升

枫糖浆 20 毫升

○ 将抱子甘蓝洗净后切成薄片，将澳洲坚果仁简单切碎，挤压柠檬取柠檬汁备用。洗净三色藜麦后，将其放入平底锅中，加入 375 毫升水和少许盐，用中火煮 15 分钟后取出，把水沥干。

○ 将柠檬汁、熔化后的椰子油和枫糖浆混合搅拌呈乳状，浇在三色藜麦上。

○ 最后撒上抱子甘蓝片和坚果碎，调味混合即可。

咸甜手抓饭

 5 分钟

 52 分钟

 4 人份

野米 200 克

蔬菜汤 750 毫升

红洋葱 1 头

橄榄油 40 毫升

粉红佳人苹果 1.5 个

开心果仁 60 克

○ 将红洋葱、粉红佳人苹果洗净、切条。用中火在平底锅中加热橄榄油，然后加入红洋葱条，煎约 3 分钟至其变软，再加入洗净的野米，翻炒 1 分钟后倒入蔬菜汤，煮沸。

○ 将火调小，盖上锅盖小火慢炖 45 分钟至野米变软。将野米捞出沥干，放置在沙拉盆中冷却。

○ 加入切成细条状的粉红佳人苹果和开心果仁，然后调味即可。

日式沙拉

 5 分钟

 15~20 分钟

 4 人份

中粒糙米 220 克

牛油果 2 个

○ 洗净中粒糙米，将牛油果去皮、去核、切片，将小黄瓜洗净、切片。

○ 将 1 升盐水倒入平底锅中煮沸，加入中粒糙米后将火调至中火，煮 10~15 分钟，至中粒糙米变软，捞出沥干。

红萝卜片 200 克

小黄瓜 2 根

○ 将中粒糙米平分成 4 份后分别放在盘子的中间，将切好的牛油果片、小黄瓜片和红萝卜片摆放在中粒糙米的周围。将酱油浇在中粒糙米上，最后撒上海苔碎末即可。

酱油 10 毫升

海苔碎末 3 茶匙

沙拉

菜花古斯米

 10 分钟

 10 分钟

 4 人份

菜花（大）1 棵

香菜 1 把

○ 将菜花去除叶子和根蒂后择成小块并洗净。然后将香菜洗净，择下香菜叶，将香菜茎切碎备用。

整粒杏仁 160 克

孜然 10 克

○ 将孜然放入锅中，用中火加热至其变成棕色、裂开。再以同样的方式加热整粒杏仁，待冷却后将其切碎。

○ 将除香菜叶外的其余食材放入沙拉盆中，调味后用手充分搅拌。最后加入香菜叶作为点缀即可。

蔓越莓干 30 克

橄榄油 40 毫升

核桃扁豆沙拉

黑扁豆 400 克

胡萝卜 2 根

 5 分钟

 25 分钟

 4 人份

芝麻菜 20 克

○ 将胡萝卜洗净、擦丝，再将核桃仁碾碎。将黑扁豆洗净后放入平底锅中，加水漫过豆子，然后加入少许盐，待水煮沸后小火慢炖 20 分钟，捞出沥干。

○ 在煮黑扁豆的同时预热烤箱。在擦好的胡萝卜丝中加入枫糖浆和少许盐，混合均匀后将其摆在铺有油纸的烤盘上，烤 10 分钟。

○ 将烤好的胡萝卜丝与黑扁豆及其他食材混合，调味即可。

核桃仁 100 克

杏仁油 40 毫升

枫糖浆 40 毫升

沙拉

圣女果法老小麦沙拉

🔪 5 分钟

🍲 28～33 分钟烹饪，5 分钟静置

☺ 4 人份

法老小麦 400 克

各色圣女果 500 克

○ 将圣女果洗净、切片，切去茴香的粗梗，将大头部分切丝。

○ 将法老小麦洗净，放入平底锅中，加入少许盐和 1.25 升水，煮沸后调至小火，盖上锅盖，慢炖 25~30 分钟至水分被空气煮干，然后将其静置冷却 5 分钟。

○ 将煮好的法老小麦与其他食材拌匀，并加入腰果奶酪调味即可。

茴香 1 棵

腰果奶酪 250 克
（做法详见 P21）

橄榄油 40 毫升

香烤甜菜沙拉

甜菜（大）4 头

鹰嘴豆（熟）460 克

 10 分钟

 20 分钟

☺ 4 人份

○ 将甜菜洗净、去皮后切成 1.5 毫米厚片。将小黄瓜洗净后切块，然后将烤箱预热至 180℃。

小黄瓜 1 根

盐肤木粉 2 茶匙

○ 在甜菜片中加入 1 汤匙橄榄油和 1 茶匙盐，将其均匀放置在铺有油纸的烤盘上，烘烤 20 分钟至其酥脆后，将其置于烤架上冷却。

○ 将剩余的配料放置在沙拉盆中，加入 1 茶匙盐，再将烤好的甜菜片拌入即可食用。

橄榄油 40 毫升

彩虹沙拉

 10 分钟

 18 分钟

 4 人份

三色藜麦 300 克

紫甘蓝少许

红萝卜（小）2 个

牛油果（大）1 个

橄榄油少许

胡萝卜（大）1 根

○ 将紫甘蓝洗净、切丝，将牛油果肉切片，将胡萝卜洗净、切条，将红萝卜洗净、切片。洗净三色藜麦，将其放入平底锅中，加入少许盐和 1 升水，煮沸后调至小火慢炖15分钟至三色藜麦变软，将三色藜麦捞出后静置冷却。

○ 将三色藜麦放置在沙拉盘的中央，周围依次摆放切好的紫甘蓝丝、牛油果肉片、红萝卜片和胡萝卜条。最后浇上橄榄油调味即可。

苹果绿豆沙拉

🔪 10 分钟

🍲 45~50 分钟

☺ 4 人份

绿豆 350 克

腰果仁 160 克

粉红佳人苹果 1 个

薄荷 1 大把

橄榄油 40 毫升

○ 将腰果仁切碎，将薄荷洗净后切碎，再将粉红佳人苹果洗净、切丝。洗净绿豆，将其放入平底锅中，加入少许盐和 2 升水，盖上锅盖，煮沸后调至小火，慢炖 40~45 分钟至绿豆变软。捞出绿豆后沥干水分，并将其静置冷却。

○ 在煮绿豆的同时，将腰果仁碎放入煎锅中用中火加热，至其表面呈金黄色。

○ 将所有食材放入沙拉盆中，搅拌均匀即可。

小米酥梨

 5 分钟

 25 分钟

 4 人份

小米 200 克

梨 3 个

香芹 1 小把

橄榄油 40 毫升

○ 将梨洗净、去核后切成薄片。将小米洗净，放入平底锅中，用中火加热 3 分钟，在加热的过程中要不停地搅拌。

○ 加入 500 毫升水、少许盐，盖上锅盖，待煮沸后调至小火，慢炖 20 分钟。捞出食材后沥干水分。

○ 放入其余食材，调味后充分搅拌即可。

印度蔬菜米豆粥

 20 分钟

 30~35 分钟

 4 人份

孟恩豆 170 克

印度香米 100 克

椰子油 40 克

香菜 1 小把

○ 将孟恩豆和印度香米洗净后在开水中浸泡 20 分钟并沥干水分。

○ 将椰子油在平底锅中加热 2 分钟，待其熔化后加入孟加拉五香粉，待五香粉在油锅中开始发出"噼啪"的声音时，加入泡好的孟恩豆、印度香米以及 1 升水、1.5 茶匙的盐。

○ 待煮沸后，半盖锅盖，调至小火慢炖 25~30 分钟，然后撒上洗净的香菜即可。

孟加拉五香粉 1.5 茶匙

时蔬拼盘

蔬菜青麦

 10 分钟

 30 分钟

 4 人份

根茎类蔬菜 900 克

大葱 1 棵

○ 将大葱洗净、切片，然后将根茎
类蔬菜洗净并切成厚片，再将青
麦洗净。

橄榄油 80 毫升

青麦 230 克

○ 将烤箱预热至 200℃，然后在切
好的根茎类蔬菜片和葱白片中加
入 2 汤匙橄榄油和 1 茶匙盐，搅
拌均匀。将拌匀的食材铺在衬有
油纸的烤盘上，烤 30 分钟。

○ 在烤蔬菜的同时，在平底锅中加
入 875 毫升水、青麦、剩余的橄
榄油和 1 茶匙盐，待水煮沸后调
至小火慢炖 20 分钟。最后将煮
好的青麦与烤好的蔬菜拌在一起
即可。

time蔬拼盘

鲜桃荞麦拼盘

 10 分钟

 25 分钟烹饪，5 分钟静置

 4 人份

去壳荞麦 200 克　　甜菜 4 头

桃子 4 个　　百里香 10 株

橄榄油 40 毫升

○ 将去壳荞麦洗净，再将甜菜洗净、去皮、切薄片。然后将桃子洗净、切条，将百里香洗净、切碎。接着将烤箱预热至 180℃。

○ 在盘中放入切好的桃子条、百里香碎末和 1 汤匙水，包上铝箔纸后放入烤箱烘烤 10 分钟。

○ 在平底锅中加入 500 毫升水、少许盐和去壳荞麦，煮沸后调至小火慢炖 20 分钟。把水沥干，静置 5 分钟。将煮好的去壳荞麦、烤好的桃子条与其他剩余食材混合，加入 1 茶匙盐搅拌均匀即可。

东方美食拼盘

 5 分钟

 10 分钟

 4 人份

西葫芦 4 根

罐装鹰嘴豆 400 克

○ 用削皮器或切片机将清洗干净的西葫芦纵向切片，洗净并沥干鹰嘴豆，将烤架高温预热。

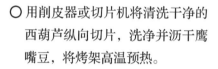

○ 在烤盘中放入鹰嘴豆、半茶匙盐、孜然粉和 2 茶匙橄榄油，将其置于烤架下烤 10 分钟，至鹰嘴豆呈金黄色。

孜然粉 4 茶匙

橄榄油 20 毫升

○ 将烤好的鹰嘴豆与剩余食材混合，浇上剩余的橄榄油，调味后搅拌均匀即可食用。

石榴子 90 克

鲜橙豆腐拼盘

 5 分钟

 10 分钟

 4 人份

老豆腐 800 克

椰子油 20 毫升

薄荷 1 把

柠檬 2 个

孜然 1 茶匙

橙子 1 个

○ 将老豆腐粗略切碎，择出、洗净
并切碎薄荷叶，将橙子和柠檬洗
净后去皮，再将果皮切碎。挤压
1 个柠檬的果肉，取柠檬汁备用。

○ 将椰子油放入平底锅中加热 2
分钟，使其熔化后加入孜然，起
泡后加入 1 茶匙盐和切好的老豆
腐碎末，将椰子油裹在老豆腐碎
末上煎 6 分钟。

○ 在煎好的老豆腐碎末上撒薄荷叶
碎、橙子和柠檬的果皮碎末，淋
上柠檬汁即可。

藜麦泡菜拼盘

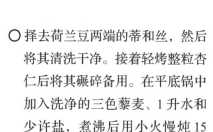

🔪 5 分钟

🍲 25 分钟

☺ 4 人份

三色藜麦 300 克

泡菜 200 克

○ 择去荷兰豆两端的蒂和丝，然后将其清洗干净。接着轻烤整粒杏仁后将其碾碎备用。在平底锅中加入洗净的三色藜麦、1 升水和少许盐，煮沸后用小火慢炖 15 分钟，再加入荷兰豆煮 2 分钟。

荷兰豆 300 克

整粒杏仁 120 克

○ 将煮好的荷兰豆挑出来，然后将三色藜麦分别放入 4 个盘中，再将荷兰豆、杏仁碎和泡菜依次摆在三色藜麦周围。最后在三色藜麦上浇少许橄榄油调味即可。

橄榄油 2 茶匙

时蔬拼盘

青酱扁豆

 5 分钟

 28 分钟

☺ 4 人份

绿扁豆 300 克

青橄榄 250 克

核桃仁 100 克

罗勒 1 大把

○ 将青橄榄洗净、去核，再将绿扁豆洗净后放入平底锅中，加入 1 升水和少许盐，待煮沸后用小火慢炖 25 分钟或煮至绿扁豆变软，捞出沥干，静置冷却。将罗勒清洗干净备用。

○ 将青橄榄、罗勒与核桃仁放入搅拌机中搅拌至糊状，然后在其中倒入橄榄油搅拌均匀，制成青酱。

○ 在煮好的绿扁豆上浇上做好的青酱调味即可。

橄榄油 125 毫升

时蔬拼盘

羽衣甘蓝古斯米

 5 分钟

 5 分钟

☺ 4 人份

粗粒小麦粉 400 克

羽衣甘蓝 5 片

○ 将羽衣甘蓝去蒂、洗净、切碎，然后将腰果仁压碎，将干耶枣切条。

腰果仁 75 克

干耶枣 45 克

○ 将粗粒小麦粉、干耶枣条和 2 茶匙盐放入 1 只大沙拉碗中搅拌均匀，倒入 400 毫升开水，包上保鲜膜泡 5 分钟。

○ 将泡好的食材用笊篱捞出，然后加入橄榄油、羽衣甘蓝碎、腰果仁碎和无盐开心果仁即可。

无盐开心果仁 25 克

橄榄油 2 茶匙

柠檬大葱糙米粥

 5 分钟

 35 分钟

 4 人份

大葱 2 棵

中粒糙米 420 克

百里香 1 小把

橄榄油 20 毫升

柠檬 1 个

○ 将大葱洗净、切片，将百里香洗净、切碎。将大葱片、百里香碎末和少许盐放入加热后的橄榄油中煸炒 10 分钟，至其变软。

○ 开大火，在锅中放入洗净的中粒糙米并搅拌 1 分钟后，加入 1 升水。待水沸腾后，调至小火慢炖 20 分钟，直至中粒糙米煮熟。

○ 在煮好的中粒糙米中加入挤出的柠檬汁、少许盐、胡椒粉及炒好的百里香碎末食材即可。

蔬菜扁豆炖菜

 10 分钟

 18 分钟

 4 人份

绿扁豆 510 克

椰奶 800 毫升

羽衣甘蓝（小）1 棵

生姜 40 克

柠檬 4 个

○ 将绿扁豆洗净。去除羽衣甘蓝的根蒂，然后将其洗净后切碎。将生姜洗净、剁碎，再将柠檬洗净，将柠檬皮切碎，将柠檬果肉榨汁备用。

○ 在 200 毫升水中加入绿扁豆、生姜碎、椰奶和 2 茶匙盐，待煮沸后将火调至小火慢炖 15 分钟，至绿扁豆变软、汤变浓。

○ 食用时撒上羽衣甘蓝碎、柠檬皮碎，并淋上柠檬汁即可。

咖喱南瓜

 15 分钟

 15 分钟

 4 人份

南瓜 850 克

罐装鹰嘴豆 400 克

椰子油 100 毫升

石榴子 90 克

薄荷 1 小把

摩洛哥综合香料 2 汤匙

○ 将南瓜洗净、去皮并切块，将鹰嘴豆洗净、沥干，然后熔化椰子油，并将薄荷洗净、切碎。将摩洛哥综合香料在锅内加热 1 分钟，随后放入南瓜块和 2 汤匙椰子油，拌匀后腌制 10 分钟。

○ 将剩余的椰子油在平底锅中加热，再加入 2 茶匙盐和腌好的南瓜块炸 1~2 分钟，接着倒入 250 毫升水，盖上锅盖，用小火慢炖 8~10 分钟。

○ 待南瓜块炖好后撒上鹰嘴豆、石榴子和薄荷碎即可。

咖喱红薯

🔪 5 分钟

🍲 20 分钟

☺ 4 人份

红薯 4 个

番茄 4 个

○ 将红薯去皮、洗净后切成 1 厘米大小的块状，再将番茄洗净、切块。在平底锅内用中火加热熔化椰子油，然后加入孜然，1 分钟后加入芥菜子，当锅中发出"噼啪"的声音后，加入红薯块和辣椒粉，搅拌 1 分钟。

孜然 2 茶匙

芥菜子 1 茶匙

○ 盖上锅盖加热 6~8 分钟后，倒入番茄块、225 毫升沸水和 2 茶匙盐，再次盖上锅盖，用中火慢炖 6~7 分钟，调味拌匀即可。

椰子油 100 毫升

辣椒粉 2.5 茶匙

咖喱菜花

🔪 5 分钟

🍲 25 分钟

😊 4 人份

菜花（大）1 棵

椰子奶油 400 毫升

○ 将菜花去叶，择成小块后洗净，压碎腰果仁，将香菜洗净、切碎。

马萨曼咖喱酱 100 克

腰果仁 75 克

○ 将 2 汤匙椰子奶油加热 1 分钟，然后加入马萨曼咖喱酱搅拌 4 分钟，倒入择好的菜花块、剩余的椰子奶油、半茶匙盐和 200 毫升水，煮沸后揭开锅盖，用小火慢炖 15 分钟。

○ 炖好后，搅拌均匀并撒上腰果仁碎和香菜碎即可。

香菜 1 小把

炖菜

丹贝仁当

 5 分钟准备，10 分钟静置

 25 分钟

😊 4 人份

丹贝 600 克

仁当咖喱酱 185 克

○ 将丹贝放置在吸水纸上，切成 3
厘米大小块状。将丹贝块和 4
汤匙仁当咖喱酱用手和在一起，静
置 10 分钟。

椰子奶油 250 毫升

罗望子酱 2 茶匙

○ 在平底锅内放入腌好的丹贝块、
椰子奶油、半茶匙盐和剩余的仁
当咖喱酱，开火煮沸，然后用小
火慢炖 20 分钟。

椰肉 25 克

香菜 5 根

○ 炖好后，加入罗望子酱并撒上椰
肉和清洗干净的香菜叶即可。

茴香莳萝意面

 10 分钟

 8~10 分钟

 4 人份

意大利面（不含鸡蛋）
400 克

茴香 2 棵

腰果奶酪 250 克
（做法详见 P21）

莳萝 1 大把

○ 去除茴香坚硬的部分，将根茎部
分洗净、切片，将莳萝洗净、切碎，
挤柠檬取柠檬汁备用，将意大利
面在盐水中煮 8~10 分钟后捞出
沥干。

○ 将橄榄油、柠檬汁、1 茶匙盐和
1 茶匙胡椒粉混合，充分搅拌后
制成调味汁。

○ 在意大利面中加入茴香片、莳萝
碎和调味汁，拌匀后撒上腰果奶
酪即可。

橄榄油 80 毫升

柠檬（大）1 个

面食

泰式米粉

 5 分钟

 10 分钟

 4 人份

泰国米粉 400 克

罗望子酱 55 克

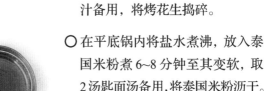

○ 将青柠檬洗净，取柠檬皮和柠檬汁备用，将烤花生捣碎。

○ 在平底锅内将盐水煮沸，放入泰国米粉煮 6~8 分钟至其变软，取 2 汤匙面汤备用,将泰国米粉沥干。

○ 在面汤中加入 1 茶匙盐和除烤花生碎、香菜外的其余食材，拌匀。

○ 最后撒上烤花生碎和清洗干净的香菜叶即可。

青柠檬 2 个

糙米糖浆 40 克

烤花生 120 克

香菜 1 小把

沙爹南瓜荞麦面

 5 分钟

 4 分钟

 4 人份

南瓜 500 克

荞麦面 300 克

○ 将南瓜洗净、去皮、切丝，将鸡腿葱洗净、切片。在平底锅中用盐水煮荞麦面 3 分钟后，加入切好的南瓜丝再煮 1 分钟。

鸡腿葱 4 棵

花生酱 4 汤匙

○ 取 60 毫升面汤备用，沥干荞麦面和南瓜丝，并将其放入沙拉碗中。

○ 将花生酱、芝麻油、青柠檬挤出的汁、葱花、半茶匙盐和面汤拌匀，浇在荞麦面上搅拌均匀即可。

青柠檬 2 个

芝麻油（无糖）1 茶匙

柠檬香蒜酱意面

 5 分钟

 12~15 分钟

 4 人份

意大利面（不含鸡蛋）
400 克

罗勒 3 把

○ 将大蒜去皮，再将柠檬洗净，将
　柠檬皮切丝，取柠檬汁备用。在
　锅中加热松子仁 2 分钟。

大蒜 1 瓣

松子仁 60 克

○ 将罗勒洗净，然后在研钵中加入
　少许盐、大蒜和罗勒，将其捣成
　泥状。加入松子仁、柠檬皮丝、
　柠檬汁和橄榄油，搅拌均匀，制
　成香蒜酱。

橄榄油 100 毫升

柠檬 1 个

○ 在平底锅内加入盐水，煮沸后放
　入意大利面煮 10~12 分钟，加入
　香蒜酱和胡椒粉调味即可。

面食

白豆通心粉

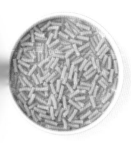

通心粉（不含鸡蛋）
400 克

罐装白豆 800 克

 5 分钟

 15 分钟

 4 人份

○ 将白豆洗净、沥干，将大蒜去皮、切片。在平底锅内加入盐水，煮沸后放入通心粉煮 10 分钟。取 60 毫升面汤备用，将通心粉沥干水分并保温存储。

○ 在煮通心粉的同时，在平底锅内用热油炸大蒜片 1 分钟，至大蒜片呈金黄色，用笊篱捞出大蒜片。

大蒜（小）4 瓣

烟熏红椒粉 1 茶匙

○ 倒入烟熏红椒粉和白豆加热 2 分钟，然后加入通心粉、嫩菠菜和预留的面汤，拌匀、调味后，撒上炸好的大蒜片即可。

橄榄油 60 毫升

嫩菠菜 300 克

圣女果意大利宽面

 10 分钟

 20~25 分钟

 4 人份

意大利宽面（不含鸡蛋）
400 克

各色圣女果 750 克

莳萝 1 小把

香菜 1 小把

大蒜 6 瓣

橄榄油 60 毫升

○ 择下莳萝叶和香菜叶，将其洗净，然后将香菜茎切碎。接着给大蒜去皮，预热烤架。在搅拌机内加入橄榄油、1 茶匙盐、大蒜和刚择下的莳萝叶及香菜叶，充分搅拌形成糊状，做成酱汁。

○ 将酱汁倒入烤盘内，和圣女果拌匀，烤 8~10 分钟至圣女果烤裂，做成圣女果酱。

○ 在平底锅内加入盐水，待煮沸后放入意大利宽面煮 10~12 分钟，煮好捞出后，浇上烤好的圣女果酱即可。

芝麻蔬菜米粉

 5 分钟

 15 分钟

 4 人份

泰国米粉 300 克

西蓝花（大）1 棵

嫩菠菜 200 克

橄榄油 2 汤匙

白芝麻子 30 克

炸青葱 2 汤匙

○ 将西蓝花择成小块并洗净，将嫩菠菜洗净、切碎。将盐水煮沸后放入泰国米粉，煮 4~5 分钟。取 60 毫升面汤备用，将米粉捞出沥干。

○ 在平底锅内将油加热，炸白芝麻子 1 分钟，再放入西蓝花块炸 6~8 分钟，直至西蓝花块的边缘变得酥脆。

○ 关火后加入嫩菠菜碎、泰国米粉、预留的面汤和 1 茶匙盐，最后撒上炸青葱即可。

蚕豆洋蓟意面

意大利面（不含鸡蛋）
400 克

洋蓟心 320 克

 5 分钟

 15 分钟

 4 人份

牛至 1 把

○ 将洋蓟心洗净、沥干水分，然后将其对半切开。将蚕豆去豆荚、去皮后煮 2 分钟。挤柠檬，取柠檬汁备用。在平底锅内加入盐水煮沸后，放入意大利面，煮10~12 分钟，捞出沥干。

○ 在研钵内放入牛至和 1 小撮盐，将其捣成糊状后加入橄榄油和柠檬汁，制成酱汁。

○ 将煮好的意大利面、洋蓟心块和蚕豆拌匀，浇上酱汁调味即可。

蚕豆 450 克

柠檬 4 个

橄榄油 80 毫升

番茄菌菇意面

 5 分钟

 20～25 分钟

 4 人份

洋菇 750 克

意大利面 400 克

○ 将洋菇洗净、切片，将大蒜去皮、切片。在平底锅内加入盐水煮沸后放入意大利面，煮 10~12 分钟，取 125 毫升面汤留用，捞出意大利面沥干水分。

大蒜 8 瓣

番茄酱 100 克

○ 在平底锅内将油加热，炸大蒜片 1 分钟，然后加入 1 茶匙盐和洋菇片翻炒 7~8 分钟。倒入番茄酱、意大利面和面汤，拌匀后撒上切好的香芹碎和胡椒粉调味即可。

香芹 1 小把

橄榄油 50 毫升

坚果西蓝花螺旋面

 5 分钟

 15~20 分钟

 4 人份

螺旋面 300 克

西蓝花（大）1 棵

橄榄油 4 汤匙

巴西坚果仁 90 克

嫩菠菜 45 克

柠檬 1 个

○ 将西蓝花择成小块并洗净，再将巴西坚果仁碾碎，挤柠檬，取柠檬汁备用。将嫩菠菜择好并洗净。将烤箱预热至 250℃。将西蓝花块、2 汤匙橄榄油和 1 茶匙盐拌匀，铺在烤盘上，烤 15 分钟。

○ 在烤西蓝花的同时，在锅内加入盐水，待煮沸后放入螺旋面，煮 12~15 分钟，然后放入嫩菠菜煮 1~2 分钟，捞出后沥干水分。

○ 将螺旋面、嫩菠菜、烤好的西蓝花和剩余食材混合均匀，然后倒入剩余的橄榄油和柠檬汁，再撒上适量的盐和胡椒粉即可。

普罗旺斯通心粉

 10 分钟

 13~15 分钟

 4 人份

斜切通心粉（不含鸡蛋）
400 克

番茄干 55 克

罗勒 1 把

橄榄油 40 毫升

大蒜（小）1 瓣

茴香子 2 茶匙

○ 将番茄干泡在热水中 5 分钟，沥干后将番茄干撕成小块。将罗勒洗净，留 1 株罗勒备用，将其余罗勒叶择下。将大蒜去皮、切片。将除斜切通心粉外的其余食材放入沙拉盘中拌匀。

○ 在锅内放入盐水，待其煮沸后放入斜切通心粉，煮 10~12 分钟，捞出后沥干水分。

○ 将煮好的斜切通心粉放入沙拉盘中和其他食材拌匀，调味并撒上预留的罗勒叶即可。

蔬菜

红薯薯条

5 分钟

45 分钟

2 人份

红薯（大）4 个

橄榄油 60 毫升

○ 将红薯洗净、去皮后切成条状，将青柠檬洗净后取皮备用，然后将烤箱预热至 220℃。在研钵中将喜马拉雅山粉红盐、迷迭香和青柠檬皮捣碎。

迷迭香 10 克

青柠檬 3 个

○ 将切好的红薯条铺在衬有油纸的烤盘上，浇上橄榄油和捣好的食材，用手将其充分混合。

○ 将红薯条放入烤箱中烘烤 45 分钟至薯条外焦里嫩即可。

喜马拉雅山粉红盐 60 克

辣炒土豆块

 5 分钟

 28 分钟

 4 人份

土豆 1 千克

椰子油 30 毫升

○ 将土豆洗净、去皮后，切成 1 厘米大小的块状。在不粘锅内放入一半的椰子油，开中火将其熔化，然后倒入土豆块翻炒 15 分钟，至土豆炒熟。

○ 加入姜黄粉、半茶匙盐和 1 茶匙胡椒粉，继续翻炒 5 分钟。

孜然 1 茶匙

茴香子 1 茶匙

○ 另起 1 口锅，开大火将另一半椰子油熔化，然后倒入孜然、茴香子和芥菜子，当锅里发出"噼啪"的声音时继续加热 30~60 秒，最后将其撒在炒好的土豆块上即可。

芥菜子 1 茶匙

姜黄粉半茶匙

日式烤茄串

茄子 500 克

鸡腿葱 8 棵

 25 分钟

 10 分钟

 8 串

橄榄油 125 毫升

照烧酱 125 毫升

○ 将茄子洗净、去皮、切块，在盐水中浸泡 10 分钟后沥干。将鸡腿葱洗净后切成 3 厘米长的葱段。再将玉米淀粉与 1 汤匙水混合。

○ 将茄子块与葱段间隔插在竹签上，再将玉米淀粉水和照烧酱混合拌匀后浇在茄子串上，放入冰箱腌制 10 分钟。

○ 预热烤盘，将茄子串两面刷上橄榄油，撒上白芝麻子烤 10 分钟左右即可。

白芝麻子 12 克

玉米淀粉 10 克

蔬菜

羽衣甘蓝炖白豆

罐装白豆 900 克

茴香（大）1 棵

/ 5 分钟

☐ 15 分钟

☺ 4 人份

○ 将白豆洗净、沥干水分，将茴香去根洗净后切片，再将羽衣甘蓝去除根蒂并洗净，将叶子切碎。挤柠檬，取柠檬汁备用。

○ 在平底锅内加热橄榄油，放入茴香片炒 5~6 分钟，至茴香片变软。

羽衣甘蓝（小）1 棵

橄榄油 40 毫升

○ 在锅内放入羽衣甘蓝碎拌匀，加入 60 毫升水，继续加热并持续搅拌 5~6 分钟，至羽衣甘蓝碎变软。最后撒上白豆和柠檬汁调味即可。

柠檬 1 个

蔬菜

香茄加乃隆

 15 分钟

 20 分钟

 4 人份

茄子（大）2 个

腰果奶酪 200 克
（做法详见 P21）

番茄酱 150 克

橄榄油 125 毫升

酵母片 1 茶匙

罗勒半把

○ 将茄子洗净后纵向切成片状，浸泡在盐水中，10 分钟后取出沥干水分（茄子自身的水分也要挤掉）。择下罗勒叶并清洗干净，然后将烤箱预热至 180℃。

○ 在茄子片上刷上橄榄油，每面烘烤 1~2 分钟，然后在茄子片中间位置放 1 茶匙腰果奶酪，卷起。

○ 将做好的茄子卷摆放在盘中，浇上番茄酱，撒上酵母片，烘烤 10~15 分钟，最后撒上罗勒叶即可。

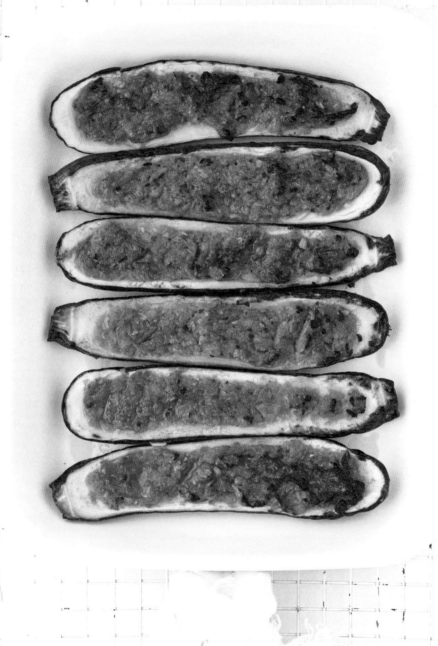

蔬菜

松仁馅烤西葫芦

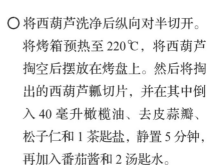 5 分钟准备，5 分钟静置

20 分钟

4 人份

西葫芦 4 根

松子仁 60 克

○ 将西葫芦洗净后纵向对半切开。将烤箱预热至 220℃，将西葫芦掏空后摆放在烤盘上。然后将掏出的西葫芦瓤切片，并在其中倒入 40 毫升橄榄油、去皮蒜瓣、松子仁和 1 茶匙盐，静置 5 分钟，再加入番茄酱和 2 汤匙水。

○ 将准备好的馅重新塞入西葫芦壳中，浇上少许橄榄油。在烤盘上倒入 125 毫升水，盖上铝箔纸后，放入烤箱烘烤 20 分钟即可。

大蒜 6 瓣

番茄酱 30 克

橄榄油 50 毫升

迷你牧羊人派

红薯（大）1个

绿扁豆 300 克

🔪 10 分钟

🍲 30 分钟

☺ 6 人份

日本酱油 40 毫升

番茄酱 50 克

○ 将红薯洗净、去皮，并切成 1 厘米大小的块状。洗净绿扁豆，切碎洗净的莳萝。在锅内加入 1 升水和少许盐，煮沸后放入绿扁豆，小火慢炖 10 分钟，捞出沥干。

○ 将红薯块放入水中，加少许盐，揭开锅盖煮 10 分钟，捞出沥干并拌匀，制成红薯泥。

○ 预热烤架，将绿扁豆、莳萝碎、日本酱油、番茄酱和枫糖浆混合并搅拌均匀，分别倒在 6 个模具中，再倒入红薯泥，放在烤架下烘烤 5 分钟，至食材呈金黄色即可。

枫糖浆 20 毫升

莳萝 5 株

烤茄片

茄子（大）2 个

芝麻酱 60 克

 15 分钟

 10 分钟

 4 人份

○ 将茄子洗净后切成圆片，放入盐水中泡 10 分钟，捞出沥干。将柠檬挤出汁水备用，再将尖椒洗净后切成小圈圈，并熔化椰子油。

○ 预热烤盘，在茄子片上刷上橄榄油，烤 2~3 分钟至茄子片半熟。

○ 将其他食材混合，并加入 2 汤匙水和 1 茶匙盐，拌匀后浇在烤好的茄子片上，撒上尖椒圈和清洗干净的香菜叶即可。

香菜 1 大把

尖椒 1.5 个

柠檬 1 个

椰子油 80 毫升

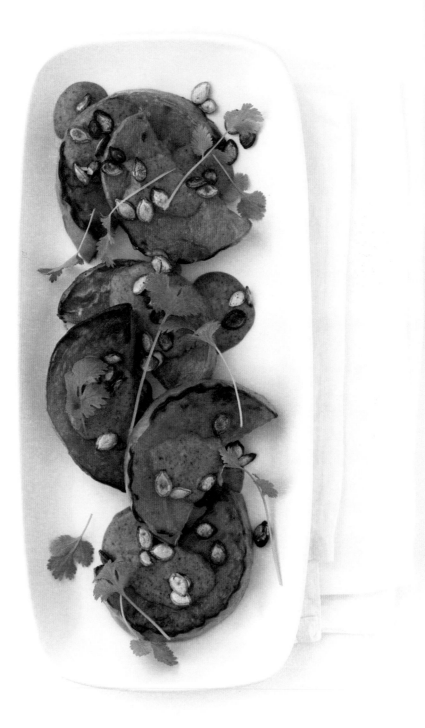

烤南瓜

 5 分钟

 40~50 分钟

 4 人份

灰胡桃南瓜 1.2 千克

辣椒酱少许

杏仁酱 3 汤匙

香菜 1 小把

椰子油 40 毫升

○ 将灰胡桃南瓜洗净后切成大块，无须去皮并保留南瓜子，熔化椰子油，将烤箱预热至 180℃，烘烤南瓜子 10 分钟。

○ 将灰胡桃南瓜块和 1 茶匙盐、椰子油混合后摆放在烤盘上，烘烤30~40 分钟。

○ 将辣椒酱、1 汤匙热水和杏仁酱混合，浇在烤好的灰胡桃南瓜块上，最后撒上烤过的南瓜子和清洗干净的香菜叶即可。

香蕉冰激凌

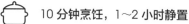 5 分钟准备，2 小时静置

 10 分钟烹饪，1~2 小时静置

☺ 4 人份

澳洲坚果仁 70 克

熟透的香蕉 4 根

○ 将熟透的香蕉去皮，并切成块状，放在冰箱中静置 2 个小时或 1 晚。将烤箱预热至 200℃，烘烤澳洲坚果仁 10 分钟，至其表面呈金黄色。

○ 在搅拌机中放入冷冻香蕉块和香草酱，将其搅拌至呈奶油状，再加入烘烤好的澳洲坚果仁继续快速搅拌。

○ 将搅拌好的食材放入冰箱冷冻 1~2 个小时，待冰激凌成型后即可享用。

香草酱 10 克

红薯布朗尼

 5 分钟

 30 分钟

 10 块

红薯 700 克

可可粉 40 克

○ 将红薯洗净、去皮并切成小块。将烤箱预热至 180℃，烘烤红薯块 10 分钟或烤至红薯块变软。

○ 将除可可粉以外的食材、半茶匙盐充分搅拌，形成表面光滑的糊状。

面粉 130 克

椰子奶油 125 毫升

○ 将面糊倒入长为 23 厘米的模具中，烘烤 20 分钟，待其冷却后撒上可可粉，再切成小块即可食用。

枫糖浆 80 毫升

甜点

巧克力慕斯

 5 分钟

拌匀且静置 2 小时

☺ 4 人份

可可粉 45 克

大米糖浆 60 毫升

牛油果 2 个

椰子奶油 125 毫升

香草酱 20 克

可可豆 1 茶匙

○ 将牛油果去皮、去核，然后将除可可豆外的所有食材放入搅拌机中，加入少许盐，充分搅拌，形成表面光滑的糊状。

○ 将搅拌好的糊状食材放入 4 个慕斯杯中，撒上可可豆，放入冰箱静置 2 个小时。

○ 享用时提前 5 分钟从冰箱中取出慕斯杯即可。

巧克力挞

 10 分钟

 拌匀且静置 1 小时

 8 个

碧根果仁 180 克

椰子油 40 毫升

枫糖浆 20 毫升

牛油果半个

巧克力（不含乳糖）80 克

○ 给 8 个松饼模具套上油纸。然后取出牛油果的果肉备用。

○ 将碧根果仁用搅拌机打碎，在其中加入熔化的椰子油、半茶匙盐和 1 汤匙枫糖浆，搅拌均匀，将其倒在模具底部至边缘位置。

○ 将剩余食材和少许盐充分搅拌，形成表面光滑的糊状，浇在模具中的巧克力挞上并放入冰箱冷冻。享用时提前 1 个小时取出即可。

香蕉蛋糕

 10 分钟

 50~60 分钟

 8 片

面粉 250 克

椰子花糖 140 克

○ 给熟透的香蕉去皮，将 1 根熟透的香蕉切块，将亚麻子泡在 200 毫升水中 5 分钟。预热烤箱至 200℃，然后将所有干料和半茶匙盐混合均匀。

酵母片 2 茶匙

熟透的香蕉 4 根

○ 将剩下的 3 根熟透的香蕉用叉子搅碎，然后加入其他湿料。

○ 将前 2 步操作中混合好的食材放在一起搅拌（避免过度搅拌），然后将其倒入 23×13×7 厘米大小的蛋糕模具中，并在上面摆放切好的香蕉块，烘烤 50~60 分钟即可。

杏仁酱 125 克

亚麻子 40 克

覆盆子巧克力点心

 5 分钟

 2 分钟烹饪，1 小时静置

 6 人份

椰子奶油 170 克

枫糖浆 80 毫升

可可粉 45 克

杏仁酱 3 汤匙

覆盆子 6 颗

香草酱 1 茶匙

○ 在平底锅内放入椰子奶油、可可粉、枫糖浆和少许喜马拉雅山粉红盐，用小火加热 2 分钟并不断搅拌，然后加入香草酱，制成可可酱汁。接着将覆盆子洗净并碾碎。

○ 将酱汁倒入松饼模具中，至 1/4 高度，再将杏仁酱倒在中间，然后继续将可可酱汁倒满模具。

○ 将碾碎的覆盆子和少许盐撒在表面，然后将模具放入冰箱冷冻 1 个小时使其凝固即可。

大黄藜麦金宝

 5 分钟

 35 分钟

 6 人份

大黄 1 千克

椰子花糖 300 克

椰子油 110 毫升

藜麦片 200 克

核桃仁 100 克

○ 将大黄去皮，切成 6 厘米长的小段，熔化椰子油，碾碎核桃仁。

○ 在平底锅内放入大黄、200 克椰子花糖和 180 毫升水，盖上锅盖小火慢炖 15 分钟，然后将其放入烤盘中。

○ 将烤箱预热至 180℃，将藜麦片、椰子油、碾碎的核桃仁、剩余的椰子花糖和半茶匙盐拌匀，并均匀地撒在大黄上，烘烤 20 分钟，至食材表面呈金黄色即可。

配料索引

图书在版编目（CIP）数据

植物全素食 / （法）杰西卡·奥德菲尔德著 ；（法）
艾丽莎·沃森摄影 ；李菁译. — 北京 ：北京美术摄影
出版社，2018.12
　（超级简单）
　书名原文：Super Facile Vegan
　ISBN 978-7-5592-0186-7

　Ⅰ．①植… Ⅱ．①杰… ②艾… ③李… Ⅲ．①素菜—
菜谱 Ⅳ．①TS972.123

中国版本图书馆CIP数据核字(2018)第212574号
北京市版权局著作权合同登记号：01-2018-2834

责任编辑：董维东
助理编辑：刘　莎
责任印制：彭军芳

超级简单

植物全素食
ZHIWU QUAN SUSHI

［法］杰西卡·奥德菲尔德　著
［法］艾丽莎·沃森　摄影
　　　李菁　译

出　版　北京出版集团公司
　　　　北京美术摄影出版社
地　址　北京北三环中路6号
邮　编　100120
网　址　www.bph.com.cn
总发行　北京出版集团公司
发　行　京版北美（北京）文化艺术传媒有限公司
经　销　新华书店
印　刷　鸿博昊天科技有限公司
版印次　2018年12月第1版第1次印刷
开　本　635毫米×965毫米　1/32
印　张　4.5
字　数　50千字
书　号　ISBN 978-7-5592-0186-7
定　价　59.00元
如有印装质量问题，由本社负责调换
质量监督电话　010-58572393